westermann

Seydlitz 3
ERDKUNDE

Realschule PLUS
Rheinland-Pfalz

Autoren:
Joachim Dietz
Stephanie Fürstenberg

unter Mitwirkung
der Verlagsredaktion

Inhaltsverzeichnis

SB 25 Der Hinweis zeigt dir, auf welcher Seite bzw. ab welchen Seiten in deinem Erdkundebuch du Informationen zur Bearbeitung dieser Aufgabe(n) findest.

Dieses Heft wird bearbeitet von:

Vorname ____________________ Name ____________________

Klasse ____________________ Fachlehrer ____________________

Wir erkunden Europa

1. Was ist denn mit Europa los? Hier sind die Länder Europas durcheinandergeraten. Trage die Namen der Länder und die Namen der Hauptstädte in die Liste ein. SB 8

① = ____________________

② = ____________________

③ = ____________________

④ = ____________________

⑤ = ____________________

⑥ = ____________________

⑦ = ____________________

⑧ = ____________________

⑨ = ____________________

⑩ = ____________________

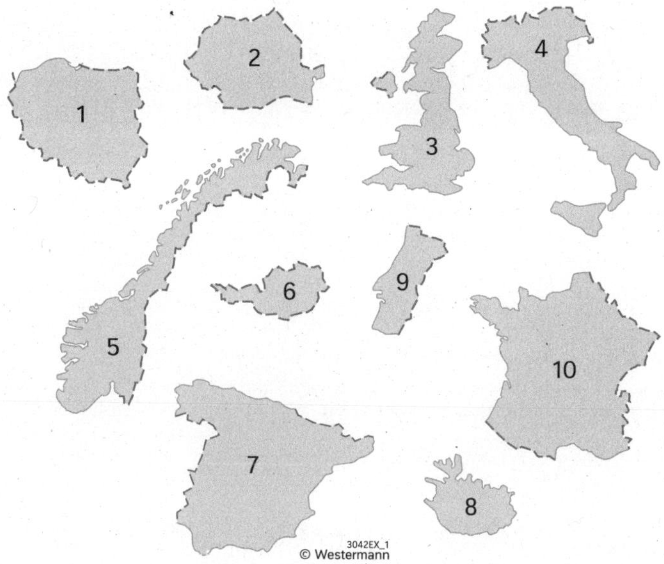

2. Trage die richtigen Namen der europäischen Staaten in die Felder ein. Die fett umrandeten Buchstaben ergeben das Lösungswort.

1. südlicher Nachbarstaat Finnlands
2. größter Staat Europas
3. Zu diesem Land gehören fast alle Adria-Inseln.
4. lang gestreckt, am Europäischen Nordmeer
5. südlich der Pyrenäen
6. nordöstlichster Nachbar Österreichs
7. zwischen Lettland, Weißrussland und Polen
8. Staat an der Adria mit der Hauptstadt Tirana
9. zwischen Österreich und Polen
10. hat die meisten Nachbarn in Europa
11. inselreicher Staat in Südeuropa
12. tief gelegener Nachbarstaat Deutschlands
13. Donau und Theiß sind die größten Flüsse.
14. Insel neben Großbritannien
15. für seinen Seenreichtum bekanntes Land
16. fast rechteckiger Staat am Atlantik
17. Zwergstaat im Zentrum der Pyrenäen

Lösungswort: ____________________

Die Entwicklung der Europäischen Union

SB 16

1. Trage in die Karte die EU-Mitgliedsstaaten ein. Gestalte die Karte nach den Beitrittsjahren farbig.

seit 1957 ☐
1 Deutschland
2 Belgien
3 Frankreich
4 Italien
5 Luxemburg
6 Niederlande

seit 1973 ☐
7 Vereinigtes Königreich
8 Irland
9 Dänemark

seit 1981 ☐
10 Griechenland

seit 1986 ☐
11 Spanien
12 Portugal

seit 1995 ☐
13 Österreich
14 Schweden
15 Finnland

2. Folgende Länder sind seit 2004 ☐ bzw. seit 2007 ☐ Mitglieder in der EU.

16 ________	20 ________	23 ________
17 ________	21 ________	24 ________
18 ________	22 ________	25 ________
19 ________	23 ________	26 ________

3. a) Nenne das Land, das 2013 Mitglied der EU wurde: ________________
   b) Schraffiere das Land in der Karte, das 2022 aus der EU ausgetreten ist.

4. Nur eine Antwort ist richtig. Kreuze sie an.

a) In welchem Land ist der Euro nicht die offizielle Währung?
O Schweden O Malta
O Slowakei O Portugal

c) Welches Land ist nicht EU-Mitglied?
O Finnland O Norwegen
O Schweden O Dänemark

c) Wofür steht der Begriff „Brexit“?
O Austritt des Vereinigten Königreichs aus der Euro-Zone
O grenzüberschreitende Zusammenarbeit zwischen dem Vereinigten Königreich und Frankreich
O Austritt des Vereinigten Königreichs aus der EU

Was hat die EU mit meinem Leben zu tun?

1. Lea hat viele Postkarten auf ihrer Europareise verschickt. Finde heraus, welche Länder sie besucht hat. SB 20

2. a) Notiere die vier Freiheiten des EU Binnenmarktes.

   b) Erkläre, welche der vier Freiheiten für Lea auf ihrer Reise von Bedeutung waren.

   c) Welche der vier Freiheiten sind aus deiner Sicht für dein jetziges und dein zukünftiges Leben wichtig?

3. a) Erstelle eine Legende zur Karte zum Schengener Abkommen. SB
   b) Erkläre, was das Abkommen ist, und welche Bedeutung es hat. 21

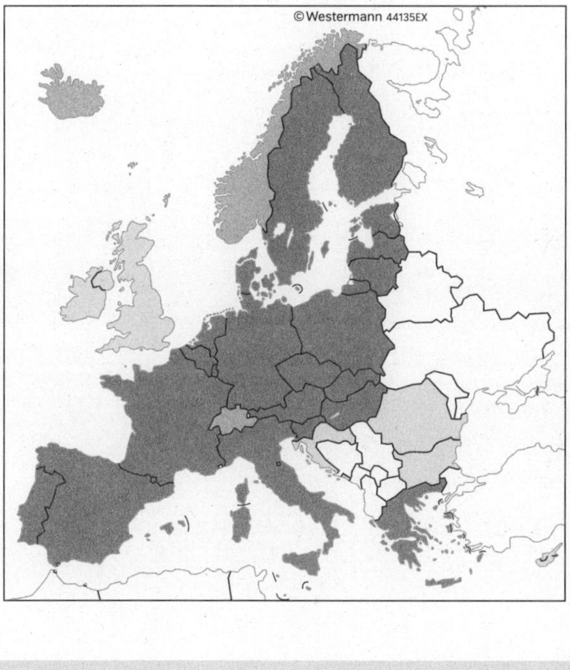

Disparitäten in Europa

SB 26

1. Bearbeite die Aufgaben zu den regionalen Disparitäten in der EU.

a) Entscheide, ob die Aussagen richtig oder falsch sind. Markiere dazu die Aussagen grün oder rot.

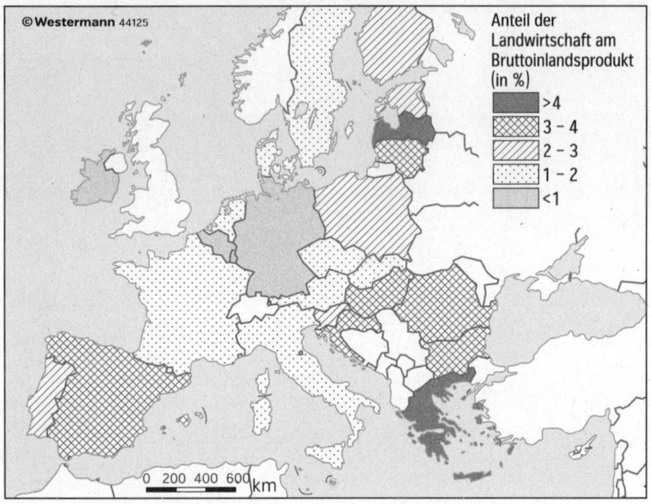

Anteil der Landwirtschaft am Bruttoinlandsprodukt (in %, 2020)

① Die Spanne des Anteils der Landwirtschaft am Bruttoinlandsprodukt reicht in der EU von weniger als 1 % bis zu maximal 3 %.

② Deutschland zählt zu den Staaten mit dem geringsten Anteil (unter 1%).

③ Griechenland und Estland zählen zu den Staaten mit dem höchsten Anteil in der EU.

④ Bis auf Spanien liegen die Länder mit einem Anteil zwischen 3 % und 4 % alle in Osteuropa.

① Insgesamt gibt es vier Staaten in der EU mit einem Anteil unter 1 %.

⑥ In einem Land mit einem Anteil unter 1 % ist die Landwirtschaft von nur geringer Bedeutung.

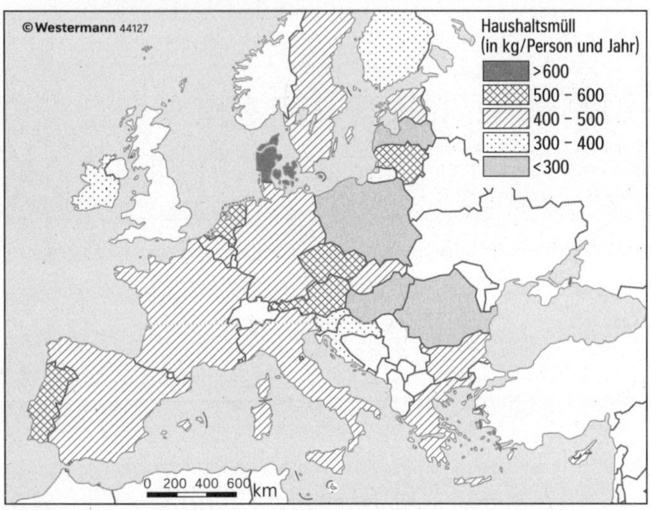

Haushaltsmüll pro Person (in kg, 2018)

b) Fülle den Lückentext aus.

Durchschnittlich fallen in der EU jedes Jahr ungefähr 430 kg Haushaltsmüll pro Person an. Dabei gibt es größere Unterschiede. Die Spanne des produzierten Mülls liegt teilweise unter ______ kg, teilweise übersteigt sie ______ kg. Deutschland liegt hierbei im Mittelfeld (______ kg bis ________ kg). Besonders viel Haushaltsmüll fällt in ____________ an. Vergleichsweise geringe Mengen produzieren die Menschen in ____________, ______________ und ______________.

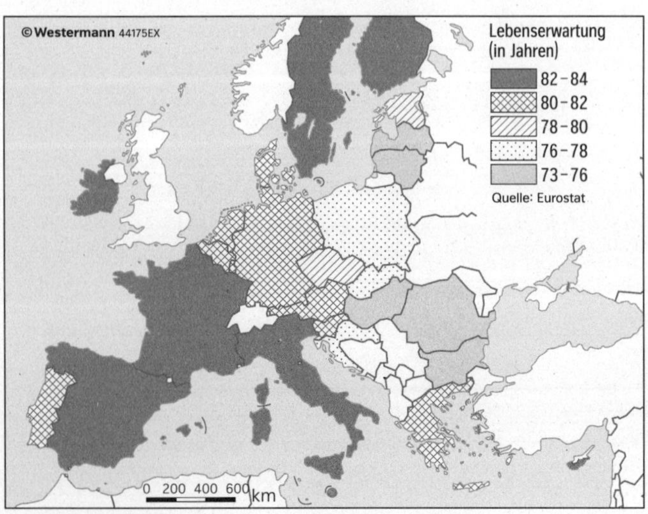

Lebenserwartung (in Jahren, 2020)

c) Vervollständige die Aussagen.

1. Die Lebenserwartung in den Staaten der EU ______________________________

____

2. In Deutschland ______________________________

____

3. Die höchste Lebenserwartung in der EU

____

4. Die niedrigste Lebenserwartung in der EU

____

Wir vergleichen Länder der EU

1. Benenne die drei Länder der EU und trage die Hauptstädte in die Karten ein. SB 28

©Westermann 43680EX_1

______________________ ______________________ ______________________

2. Ergänze die Tabelle zu den drei Mitgliedsländern.

	Einwohnerzahl				Sektoren
		70370 km^2 (Rang 16)			I: 4,5 % II: 18,5 % III: 77,0 %
			9 Nachbar- länder		
				15483 Euro	

3. Notiere für jedes der drei EU-Mitgliedsländer eine Besonderheit aus dem Bereich Wirtschaft.

______________ ____

____

______________ ____

____

______________ ____

____

Migration in der EU

SB 34

1. Werte die Karikatur zum Thema Migration aus.

a) Beschreibe die Karikatur. Gib an, wo du beginnst.

b) Finde einen passenden Name für die Karikatur.

c) Notiere drei Fragen, die die Karikatur aufwirft.

2. Was hat Migration mit deinem Leben zu tun?
   a) Erzähle von jemandem, den du kennst, der seine Heimat verlassen hat.

   b) Stelle dir vor, du müsstest deine Heimat verlassen. Was würdest du möglicherweise vermissen, auf was würdest du dich freuen?

3. Schätze ein, ob folgende Aussagen zum Thema Migration richtig oder falsch sind.

	richtig	falsch
a) Es gibt viele Arten von Migration. Eine davon ist die Arbeitsmigration.	o	o
b) Die Arbeitsmigration von Deutschland in andere EU-Mitgliedsstaaten liegt bei über fünf Prozent der Gesamtbevölkerung von Deutschland.	o	o
c) 2020 kamen die meisten Menschen, die aus einem EU-Land nach Deutschland kamen, aus Rumänien.	o	o
d) Aufgrund von Zuwanderungen liegt die Bevölkerung der EU aktuell bei ungefähr 350 Millionen Einwohnern.	o	o
e) Die höchste Anzahl von im Ausland geborenen Einwohnern gibt es in Norwegen.	o	o
f) Migration lässt sich mit Wanderung übersetzen.	o	o
g) Arbeitsmigration wird in der EU durch die Freizügigkeit garantiert.	o	o

Weltweite Migration

1. Benenne Gründe, warum Menschen ihr Heimatland verlassen und erläutere sie. SB 36

2. Man kann Migration in zwei Kategorien einteilen. Benenne und erkläre diese Kategorien.

3. Ordne folgende Länder einer der drei Kategorien zu. SB 36

Deutschland – Kolumbien – Afghanistan – Jemen – Türkei – Venezuela – Somalia – Syrien

Herkunftsländer von Flüchtlingen ______

Aufnahmeländer von Flüchtlingen ______

Länder mit hoher Binnenmigration ______

4. a) Verorte die Länder aus Aufgabe 3 in der Karte.
   b) Benenne weitere Länder, die über eine negative bzw. positive Migrationsrate verfügen.

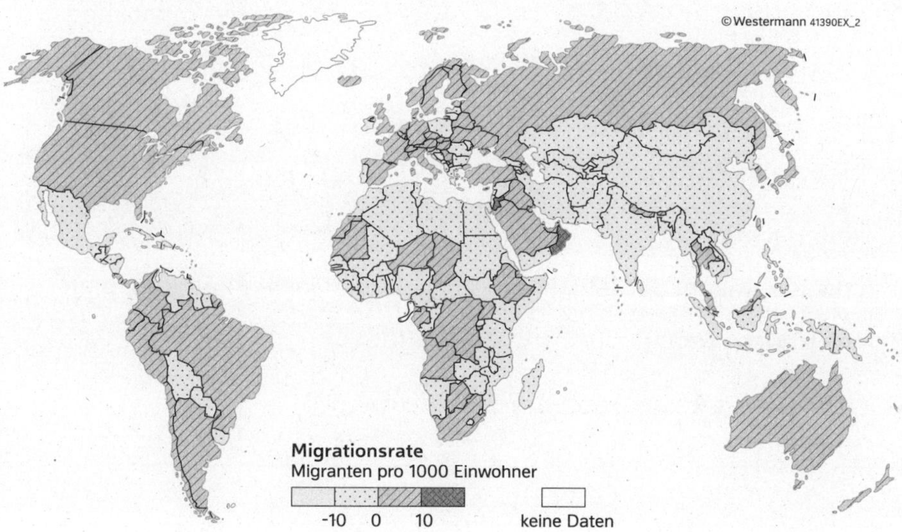

Planung muss sein

SB 46 1. Beschreibe zentrale Unterschiede zwischen dem Flächennutzungsplan und dem Bebauungsplan.

____

____

____

2. Verfolge die Geschichte von Herr Schulte und kreuze die richtigen Antworten an.

Holzgroßhändler Schulte möchte sich sein Traumhaus zusammen mit einem modernen Sägewerk inmitten unberührter Natur und fernab von Lärm und Verkehr bauen. Ihm schwebt ein Grundstück am Waldrand vor.
Mit dieser Vorstellung begibt er sich zur Bauaufsichtsbehörde. Nachdem er sein Anliegen vorgetragen hat, muss er erfahren, dass ...

a) ... er sich nach dem

☐ Bebaungsplan
☐ Flächennutzungsplan
☐ Raumplan
☐ Gemeindeplan

richten muss.

b) ... er ein Sägewerk nur im

☐ Wohngebiet
☐ Mischgebiet
☐ Gewerbegebiet
☐ Sägegebiet

bauen darf.

c) ... er seinen Traum

☐ problemlos
☐ so gar nicht
☐ mit Krompromissen
☐ mit genügend Geld

verwirklichen kann.

Nachdem Herr Schulte den Flächennutzungsplan gelesen hat, ist ihm klar, dass er sein Haus und das Sägewerk nur im Gewerbegebiet nebeneinander bauen darf. Das möchte er aber nicht. Also plant er neu. „Dann baue ich im Wohngebiet das Haus. Dafür soll es aber richtig groß werden: drei Etagen, zwei Erker, mindestens eine Grundfläche von 200 Quadratmeter ..."
Erneut fährt Herr Schulte zum Bauamt und erfährt, dass ...

d) er sich an den

☐ Ortsplan
☐ Bebauungspaln
☐ Rettungsplan
☐ Zeitplan

halten muss.

e) ... dieser u. a.

☐ die Anzahl der Fenster
☐ die Geschosszahl
☐ die Dachform
☐ die die Anzahl derBewohner

eines Hauses regelt.

f) ... jede Stadt/Gemeinde über

☐ einen Bebauungsplan
☐ mehrere Bebauungspläne
☐ mehrere Flächennutzungspläne
☐ einen Flächennutzungsplan

verfügt.

3. Welche Probleme könnte es geben, wenn es keine Bebauungspläne gäbe?

____

____

Geplante Städte

1. Benenne die Länder. Trage die ehemaligen und die aktuellen Hauptstädte in die Karten ein und benenne sie. Verwende verschiedene Farben. Verdeutliche die Umzüge mit Pfeilen. SB 58

____

____

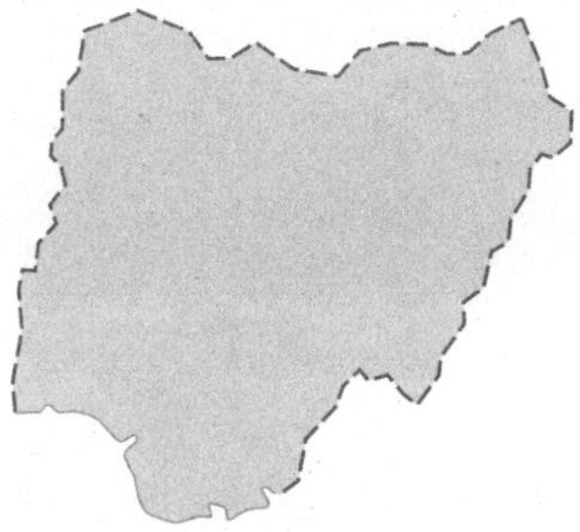

____

____

____

____

____

____

____

____

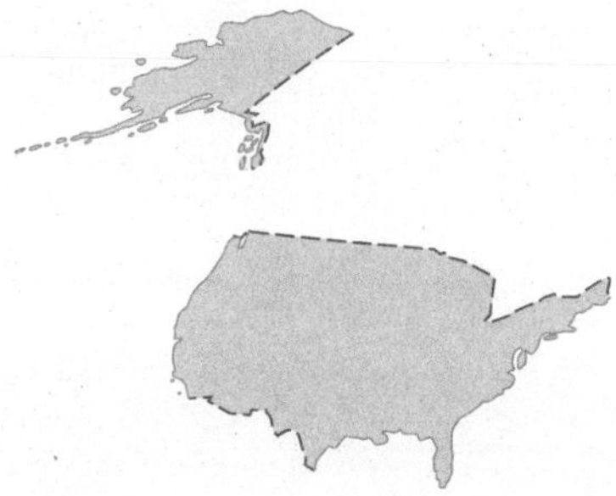

____

____

Für die Schaffung geplanter Städte gibt es viele Gründe. Viele der geplanten Städte sind Hauptstädte. So wurde beispielsweise in Nigeria die Hauptstadt von Lagos nach Abuja ins Zentrum des Landes verlegt. Auch Brasilia ist eine geplante Hauptstadt. Sie löste Rio de Janeiro ab. Nach einem Hurrikan wurde die Hauptstadt von Belize (Belize City) in Belmopan neu aufgebaut. Auch Washington D. C. (zuvor Philadelphia) und Canberra (vorher Melbourne) sind geplante Städte. 2024 soll die Hauptstadt Indonesiens, Jakarta, auf die Insel Borneo verlegt werden (Name der neuen Stadt: Nusantara).

Klimawandel in der Stadt

1. Vervollständige die Sätze zu den Folgen des Klimawandels in Städten. SB 56

Die Hitzetage in den Städten ______________________

____

Der Wärmeinseleffekt bewirkt ______________________

____

____

Beispiele für Anpassungsstrategien sind

____

____

____

____

Wir arbeiten mit Bevölkerungspyramiden – Deutschland

SB 68

1. Zeichne die Bevölkerungspyramide für Deutschland (2020).

	Anzahl in 1000	
	männlich	weiblich
0-4	1641	1559
5-9	1540	1447
10-14	1532	1445
15-19	1608	1504
20-24	1943	1762
25-29	2062	1912
30-34	2293	2160
35-39	2148	2085
40-44	1995	1974
45-49	2052	2040
50-54	2673	2636
55-59	2719	2717
60-64	2241	2315
65-69	1833	2031
70-74	1421	1625
75-79	1303	1618
80-84	1080	1532
85-89	428	752
90-94	135	333
95-99	18	77
100+	4	16
gesamt	83155	

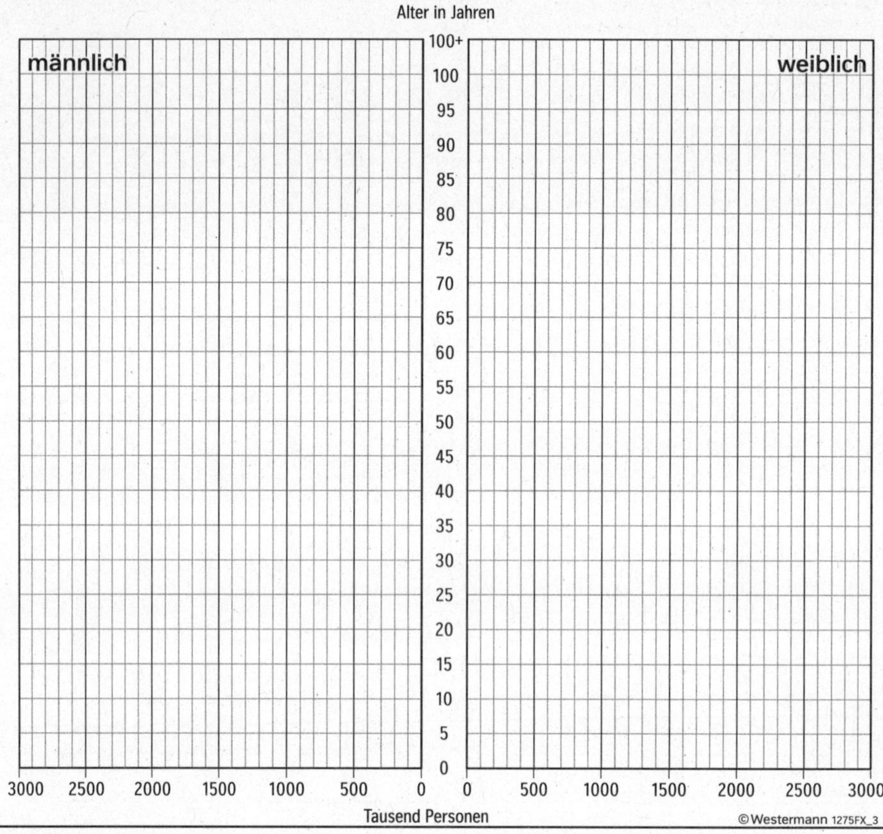

2. Werte die Bevölkerungspyramide in vier Schritten aus.

1. ______________________________

2. ______________________________

3. ______________________________

4. ______________________________

____

2. Schätze ein, ob folgende Aussagen zur demografischen Entwicklung in Deutschland richtig oder falsch sind.

	richtig	falsch
a) Frauen bekommen heute später Kinder als früher.	o	o
b) Menschen leben heute viel kürzer als früher.	o	o
c) Die Antibabypille hilft bei der Planung der Familiengröße.	o	o
d) Es gibt heute nur wenige Singles.	o	o
e) Die Rolle von Frauen hat sich gewandelt, sie arbeiten öfter als früher.	o	o
f) Die Alterung der Gesellschaft ist heute ein großes Problem.	o	o
g) Paare heiraten heute früher.	o	o

Wir arbeiten mit Bevölkerungspyramiden – Ruanda

1. Zeichne die Bevölkerungspyramide für Ruanda (2020). SB 82

	Anzahl in 1000	
	männlich	weiblich
0-4	950	935
5-9	841	835
10-14	775	777
15-19	673	681
20-24	586	597
25-29	503	525
30-34	485	494
35-39	390	444
40-44	292	317
45-49	217	244
50-54	176	179
55-59	188	186
60-64	123	136
65-69	83	103
70-74	44	65
75-79	25	41
80-84	9	16
85-89	6	10
90-94	1	1
95-99	0	0
100+	0	0
gesamt	12952	

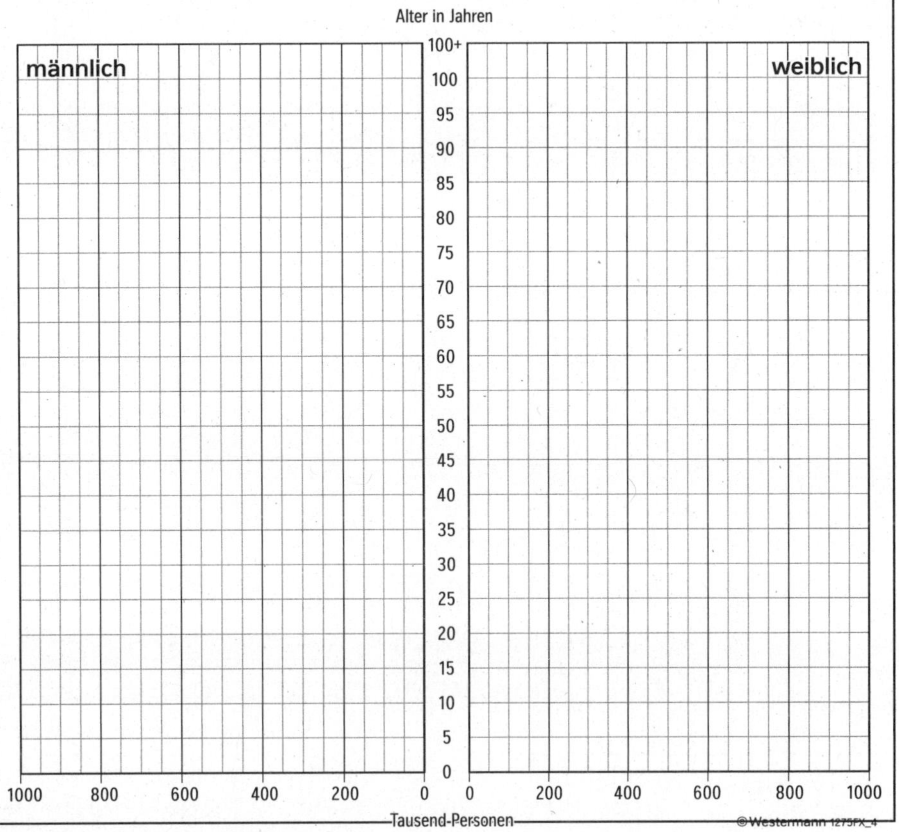

2. Werte die Bevölkerungspyramide in vier Schritten aus.

1. ______________________________

2. ______________________________

3. ______________________________

4. ______________________________

____

2. Schätze ein, ob folgende Aussagen zur demografischen Entwicklung in Ruanda richtig oder falsch sind.

	richtig	falsch
a) Die Zahl der Geburten je Frau hat in letzten Jahrzehnten zugenommen.	o	o
b) Traditionelle Vorstellungen von Familie sind noch weit verbreitet.	o	o
c) Weniger als 50 Prozent der Frauen verhüten.	o	o
d) Die Kindersterblichkeit ist heute sehr niedrig.	o	o
e) Die Gleichberechtigung von Mann und Frau ist offiziell vorgeschrieben.	o	o
f) Noch immer gehen weniger Mädchen als Jungen zur Schule.	o	o
g) Die Verheiratung von minderjährigen Mädchen ist sehr hoch.	o	o

Im Eiltempo zur achten Milliarde

SB 74

1. a) Gestalte ein Kurvendiagramm zur Bevölkerungsentwicklung der Kontinente.

	1750	1800	1850	1900	1950	2000	2020	2050[3]
Asien	502	635	809	947	1405	3741	4641	5290
Afrika	106	107	111	133	228	811	1340	2489
Europa	163	203	276	408	549	7267	748	710
Lateinamerika[1]	16	24	38	74	169	521	654	762
Angloamerika[2]	2	7	26	82	173	312	369	425

Angabe in Millionen [1] USA, Kanada [2] Südamerika, Mittelamerika, Karibik, Mexiko [3] Prognose Quelle: UN

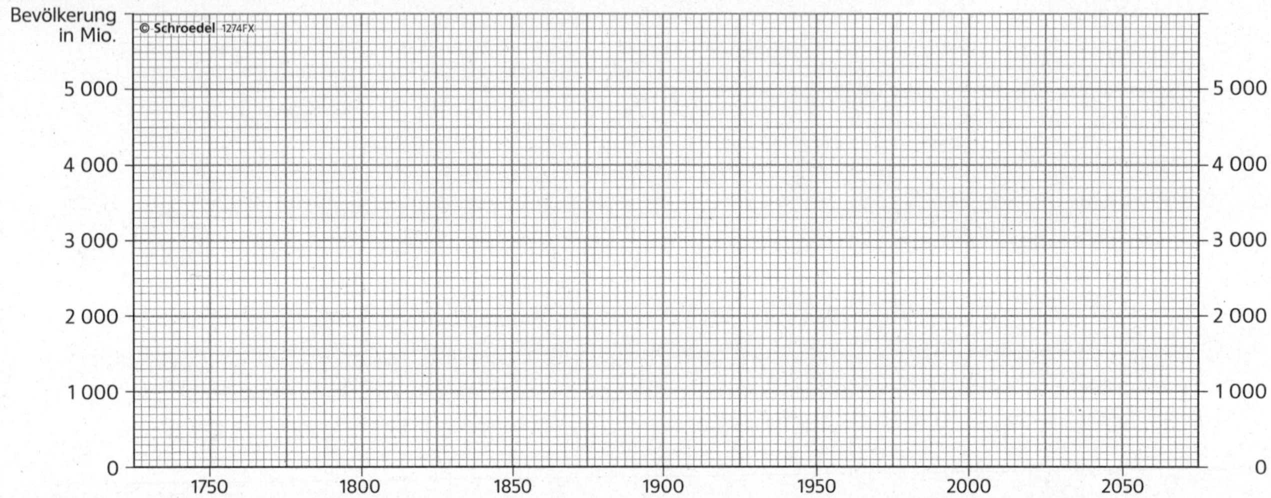

b) Beschreibe das Diagramm im Hinblick auf die Entwicklung der Bevölkerung der Kontinente.

____

____

____

____

2. Markiere die bevölkerungsreichsten Länder der Welt mit unterschiedlichen Farben (nach Kontinenten).

W	A	M	J	H	S	C	L	U	Ä	G	Y	P	T	E	N	B	P	L	M
W	S	I	X	L	O	H	Q	E	M	L	S	A	I	T	U	F	H	V	W
J	K	N	H	T	X	I	Y	P	P	O	A	J	Y	C	W	G	I	O	V
A	J	D	T	I	T	N	L	P	A	K	I	S	T	A	N	T	L	X	L
P	X	I	X	N	Y	A	X	R	V	Y	K	I	U	X	V	R	I	R	B
A	S	E	P	D	S	F	D	S	D	L	B	B	M	X	U	W	P	J	R
N	U	N	K	O	K	D	R	U	S	S	L	A	N	D	C	N	P	I	A
T	N	P	C	N	P	G	G	K	Y	G	K	E	M	P	V	U	I	D	S
J	M	N	O	E	T	D	S	G	S	L	J	K	Q	Y	U	Y	N	F	I
A	E	X	L	S	R	X	N	I	G	E	R	I	A	U	S	Q	E	G	L
G	X	T	D	I	E	L	H	O	L	G	N	N	K	S	A	V	N	T	I
Q	I	P	M	E	H	P	G	P	R	N	B	V	H	S	N	N	B	E	E
O	K	Q	J	N	B	B	A	N	G	L	A	D	E	S	C	H	D	H	N
H	O	U	W	Y	X	Z	R	A	W	L	Q	D	I	P	Q	M	C	Y	E

Der demografische Übergang

1. a) Beschrifte die verschiedenen Kurven des Modells des demografischen Übergangs. SB 76

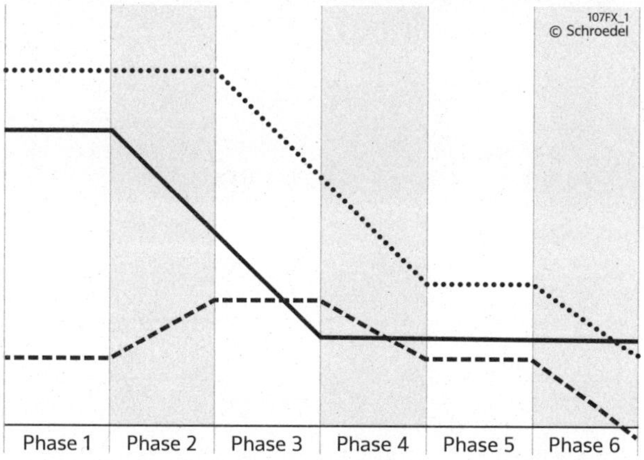

Legende

.... ______________

—— ______________

-------- ______________

b) Ordne folgende Aussage einer der sechs Phasen zu.

___ abnehmende Geburten- und niedrige Sterberate (Bevölkerungsabnahme)

___ gleich bleibende Geburten- bei gleich bleibender Sterberate (gleich bleibende Bevölkerung)

___ abnehmende Geburten- bei abnehmender Sterberate (gleich bleibende Bevölkerung)

___ unverändert hohe Geburten- und rasch sinkende Sterberate (starke Bevölkerungszunahme)

___ hohe Geburten- und Sterberate (gleich bleibende Bevölkerung)

___ weiter abnehmende Geburten- bei konstanter Sterberate (Bevölkerungsabnahme)

2. a) Skizziere die drei Grundformen von Bevökerungspyramiden und benenne sie. SB 68

______________ ______________ ______________

b) Ordne ihnen die entsprechenden Merkmale zu und nenne ausgewählte Länder.

Die ______________ ist gekennzeichnet durch eine sinkende Bevölkerungszahl.

Ausgewählte Länder: ______________

Die ______________ zeichnet sich durch eine wachsende Bevölkerung aus.

Ausgewählte Länder: ______________

Beim ______________ bleibt die Bevölkerungszahl in etwa gleich groß.

Ausgewählte Länder: ______________

Die Welt wird Stadt

SB 92

1. Benenne die Städte. Wann gehörten sie zu den zehn größten Städten der Welt (1960/1990/2020)?

2. a) Schätze ein, ob folgende Aussagen richtig oder falsch sind.

	richtig	falsch
1. Ungefähr ab 1990 lebte mehr als 50 % der Weltbevölkerung in Städten.	o	o
2. Der überwiegende Teil der größten Städte der Welt lag 2020 in Asien.	o	o
3. Besonders fortgeschritten ist die Verstädterung in Asien.	o	o
4. Besonders schnell schreitet die Verstädterung in Nordamerika voran.	o	o
5. Die Anzahl der Megastädte ist ab 2000 besonders in China stark gestiegen.	o	o
6. Die größte Gesamtzahl an Menschen, die in Slums leben, findet man in Asien.	o	o

b) Verbessere die falschen Aussagen.

3. Definiere in eigenen Worten zwei der folgenden Begriffe:
Verstädterung – Megastadt – Metropole – Slum

Warum ziehen Menschen in die Stadt?

1. Trage mit jeweils einem Schlagwort die Push- und Pullfaktoren in die Abbildung ein. Ergänze die Liste. SB 94

Naturkatastrophen – bessere Bildungschancen – größeres Arbeitsplatzangebot – fehlende Perspektiven in der Landwirtschaft – Freizeitangebot – medizinische Versorgung – geringe Verdienstmöglichkeiten

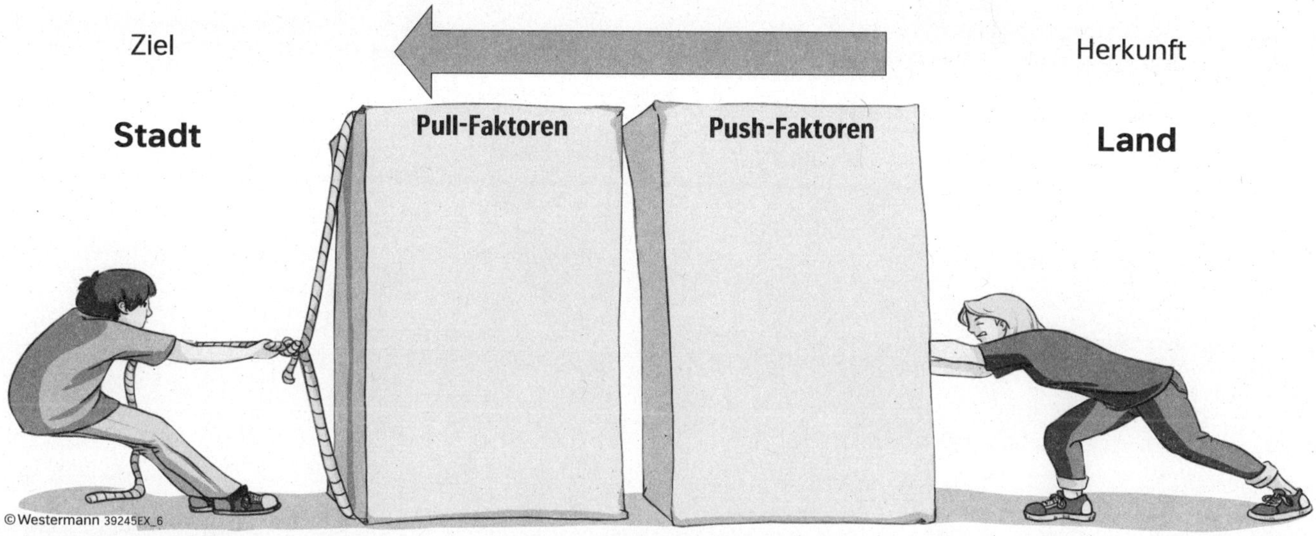

2. Vervollständige die Aussagen zu den Wanderarbeitern in China.

a) Die großen Wanderbewegungen in China begannen ______________________

b) Die Menschen machten sich auf die Suche ______________________

c) Sie kamen aus den ländlichen Regionen und zogen in die ______________________

d) Arbeit fanden die Menschen ______________________

e) Das Leben in der Stadt brachte auch viele Probleme: ______________________

____

3. Verfasse anhand ausgewählter Begriffe aus der Wortwolke einen Text zum Thema „Slums". SB 98

____

Unterschiedliche Entwicklung auf der Welt

SB 110 1. a) Benenne die verschiedenen Grundbedürfnisse.

b) Ein Grundbedürfnis ist nicht abgebildet. Benenne es und schätze seine Wichtigkeit ein.

2. Ordne folgende Merkmale entwickelten (A) und weniger entwickelten Ländern (B) zu.

- ☐ Produktion von Industriegütern
- ☐ Absicherung von Alten und Arbeitslosen
- ☐ hohe Bedeutung der Landwirtschaft
- ☐ ungenügende Infrastruktur
- ☐ niedrige Einkommen, hohe Armut
- ☐ gutes Bildungssystem
- ☐ Export von Rohstoffen
- ☐ häufig Konflikte und Kriege

3. Benenne fünf der laut HDI am höchsten und am geringsten entwickelten Länder.

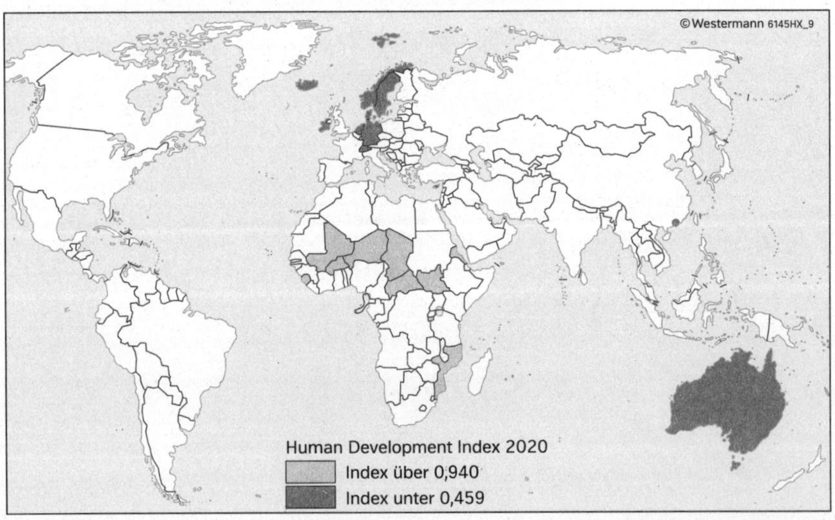

b) Beschreibe die Verteilung der Staaten.

Sustainable Development Goals

1. a) Erkläre in eigenen Worten, was die SDGs sind und was das Besondere an ihnen ist.

SB 114 116

b) Warum ist es auch im Bereich Entwicklung wichtig, Ziele zu haben. Beziehe eines der Zitate in deine Überlegungen mit ein.

„Der Weg ist das Ziel.“

„Wer seine Ziele erreicht hat, hat sie sich als zu niedrig ausgewählt.“

„Der langsamste, der sein Ziel nicht aus den Augen verliert, geht immer noch geschwinder, als jeder, der ohne Ziel umherirrt.“

„Nur wer sein Ziel kennt, findet den Weg.“

2. Ordne folgende Beispiele einem der 17 SDG-Ziele zu.

	SDG Nr.
a) Die Touristen, die das Dorf Bigodi in Uganda besuchen, ermöglichen zahlreichen Dorfbewohnern ein regelmäßiges Einkommen.	☐
b) Die Saatgutgemeinschaft liefert den Bauern jedes Jahr gegen einen geringen Betrag hochwertige Pflanzensamen.	☐
c) Familie Meier tauscht ihre alte Ölheizung gegen eine nachhaltige Energiequelle aus.	☐
d) Jamala beschließt nach ihrem Schulabschluss, als erstes Familienmitglied zu studieren.	☐
e) 3.7.2021: Ein EU-weites Verbot von Einwegplastik tritt in Kraft.	☐

3. Setze dich kritisch mit dem abgebildeten SDG-Index auseinander.

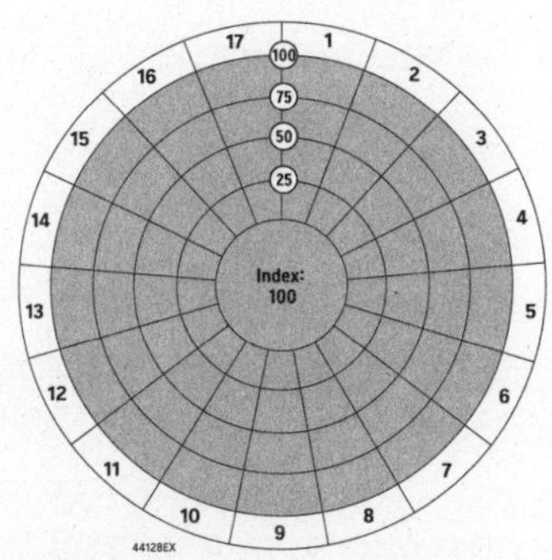

4. Erkläre die unterschiedliche Bedeutung von Zielen für Menschen im Globalen Süden und in Deutschland.

Raumanalyse Ruanda

SB 118 1. Ordne die Aussagen in die Karte von Ruanda ein.

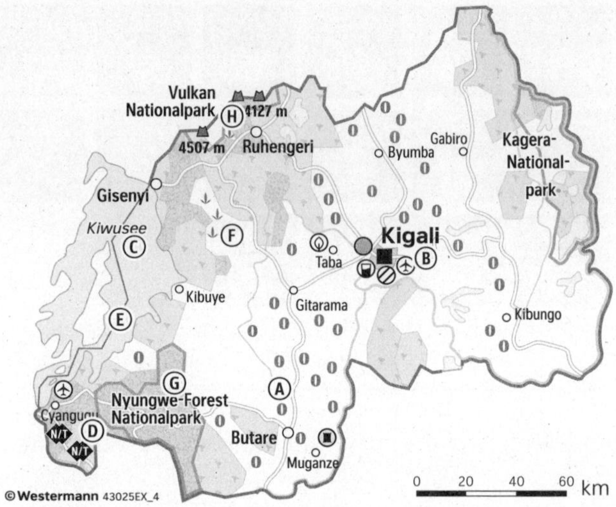

____ Im größten See des Landes gibt es große Methanvorkommen.

____ Aufgrund der beeindruckenden Naturlandschaft kommen viele Touristen hierher.

____ Hier leben viele Menschen vom Fischfang.

____ Die Hauptstadt des Landes ist ein bedeutendes Wirtschafts-und Handelszentrum.

____ Hier gibt es beeindruckende Vulkane zu sehen.

____ Diese Region ist bekannt für seine Coltanvorkommen.

____ Hier wird Tee angebaut.

____ Hier ist das Zentrum des Kaffeeanbaus.

2. Vervollständige die Sätze zu den Wirtschaftssektoren Ruandas.
Die meisten Menschen in Ruanda arbeiten ______________________________ ______________. Ein geringer Anteil arbeitet in der ______________________. Den größten Anteil an der Wirtschaftsleistung des Landes (Bruttoinlandsprodukt) hat der ________________________ mit _____ Prozent.

3. Notiere Produkte, die Ruanda exportiert, sowie ausgewählte Handelspartner des Landes.

reez gdlo öptrldokerdeu ete tiebteellmns oakdleokbemitkgpcnurirohes edadctnhslu acnhi

____

____

4. Verbessere die falschen Informationen zur Bevölkerung und Beschäftigung in Ruanda.
Die größte Bevölkerungsgruppe ist die der über 65-Jährigen. Die Bevölkerung Ruandas liegt heute bei knapp 26 Millionen. Das Land hat eine überaus hohe Arbeitslosenquote.

____

____

____

5. Benenne zentrale Unterschiede im Bereich Bildung zwischen Ruanda und Deutschland.

____

____

6. Vergleiche Deutschland und Ruanda im Hinblick auf die Aspekte Digitalisierung und Innovation.

____

____

7. Schätze ein, ob folgende Sätze richtig oder falsch sind. Markiere richtige mit grün, falsche mit rot.
a) Der Zugang zu Elektrizität ist in Ruanda weitestgehend gleich verteilt.
b) Ruanda ist nach wie vor stark von fossiler Energie abhängig.
c) Das Erdöl aus dem Kiwusee ist eine bedeutende Möglichkeit, die Energieversorung zu sichern.

Entwicklung mit Innovationen

1. a) Finde Titel, die zu den Bildern passen.

SB 130

______________________ ______________________ ______________________

______________________ ______________________ ______________________

b) Welche Möglichkeiten eröffnen sich den Menschen durch die Nutzung dieser „Innovationen“?
c) Was haben alle Beispiele mit Entwicklung zu tun?

____

____

____

____

____

2. Benenne jeweils drei Länder in den unterschiedlichen Kategorien der Internetnutzung in Afrika.

über 60 %: ______________________

____

40 % – 60 %: ______________________

____

20 % – 40 %: ______________________

____

10 % – 20 %: ______________________

____

0 % – 10 %: ______________________

____

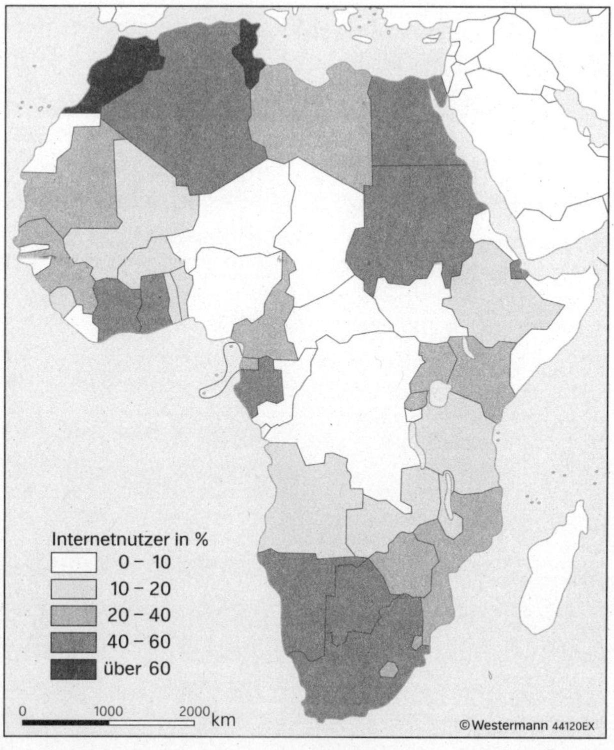

b) Erkläre die Bedeutung der Nutzung des Internets für die Entwicklung der afrikanischen Länder.

____

____

____

Hunger – ein vielschichtiges Problem

SB 140 1. Vervollständige die Übersicht zum Thema Hunger.

Fehlernährung

Definition: ______________________________

zu viel **zu wenig**

↓ ↓ ↓ ↓

Folgen: ____________ ____________ ____________ ____________

Definition: zu wenig Nahrung, um Körpergewicht zu halten

2. Definiere kurz die drei Arten von Hunger. Beginne mit der dringlichsten Art.

a) ______________________________

b) ______________________________

c) ______________________________

3. Wiederhole den Kreislauf des Hungers. Ergänze folgende Begriffe:

fehlendes Geld für Nahrungsmittel – Krankheit – fehlende Arbeitskraft – kein Verdienst – geringe Bildung – kein Geld für medizinische Versorgung

Hunger

Entwicklungsstörungen

4. Erkläre kurz den Zusammenhang zwischen Klimawandel und Hunger.

____

____

Food Crops und Cash Crops

1. a) Was weißt du über Food- und Cash Crops? Versuche, die Satzanfänge zu vervollständigen. SB
   b) Suche danach Satzenden, die zu den Satzanfängen passen. 142

- Viele Kleinbauern in Afrika, Lateinamerika und Asien ...
- Bei guten Ernten können sie ...
- Missernten stellen für die Kleinbauern ein ...
- Höhere Erträge zu erwirtschaften ist schwierig, da häufig ...
- Als Cash Crops werden solche Pflanzen bezeichnet, die ...
- Hierzu zählen zum Beispiel ...
- Viele Pflanzen werden nicht nur für die Nahrungsmittelproduktion ...
- Dies geschieht vor allem auf ...
- Vor allem für die Kleinbauern, die auch Cash Crops anbauen, ...

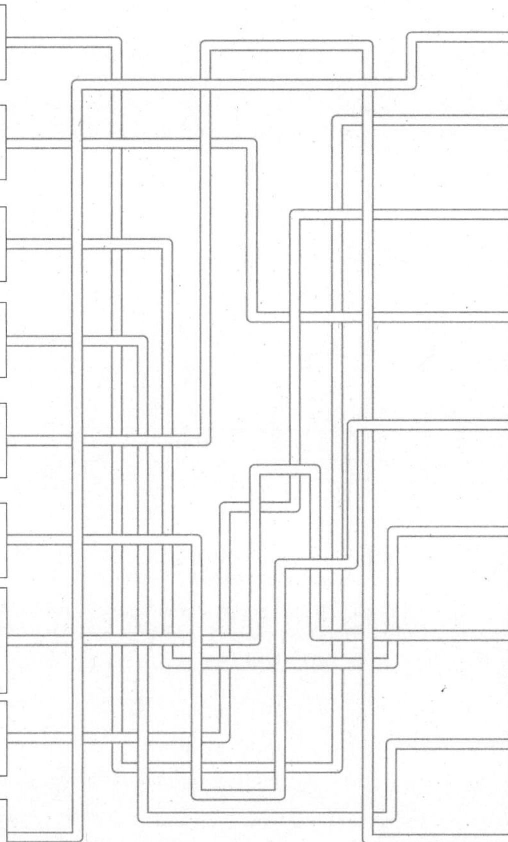

- stellen die schwankenden Weltmarktpreise ein Problem dar.
- bauen Food Crops für den Eigenbedarf an.
- großflächigen Plantagen.
- Überschüsse verkaufen und vom Gewinn andere Dinge erwerben.
- Bananen, Soja, exotische Früchte, Nüsse, Kaffee, Tee, Baumwolle, Kautschuk etc.
- großes Problem dar, dass schnell zu Hunger führen kann.
- sondern dienen auch der Herstellung von Treibstoffen oder als Futtermittel.
- das Kapital für Anschaffungen wie Dünger, Traktoren etc. fehlt.
- vor allem für den Export ins Ausland angebaut.

Fleisch – ein umstrittenes Lebensmittel

1. a) Nenne ein Land mit hohem Fleischkonsum: ______________________ und SB
   ein Land mit niedrigem Fleischkonsum: ______________________ 146

   b) Nenne den Begriff, für Tierhaltung in großem Maßstab: ______________________

   c) Bei bei der Produktion von 1 kg Rindfleisch werden ______ kg Treibhausgase frei.

   d) Beschreibe die Entwicklung der Fleischproduktion in Europa im Vergleich mit der in Asien:

   ____

   e) Erkläre den Zusammenhang zwischen Fleischproduktion und dem Anbau von Pflanzen im Hinblick auf zwei wesentliche Aspekte: ______________________

   ____

   f) Bewerte den weltweit steigenden Fleischkonsum: ______________________

   ____

   ____

Bereiche der Globalisierung

SB 162 1. Finde Begriffe zur Globalisierung und erkläre für drei Beispiele, wie sie damit in Zusammenhang stehen.

W	W	L	O	H	N	K	O	S	T	E	N	U	E	E	U	I	N	T	E	R	N	E	T	B	C	A	E
G	Q	R	T	Z	L	H	F	U	V	E	R	F	L	E	C	H	T	U	N	G	G	L	C	X	U	O	P
I	N	T	E	R	N	A	T	I	O	N	A	L	E	A	R	B	E	I	T	S	T	E	I	L	U	N	G
Z	H	G	F	W	P	U	N	N	M	D	S	X	C	T	K	L	B	V	C	E	Y	Q	O	T	Z	V	C
O	D	H	P	I	E	R	C	V	B	D	I	E	N	S	T	L	E	I	S	T	U	N	G	E	N	T	M
P	K	N	O	W	H	O	W	D	V	C	X	R	P	F	A	S	A	V	B	M	O	P	G	D	Q	J	D
L	Q	F	G	A	S	R	T	Z	R	N	T	R	A	N	S	P	O	R	T	G	N	B	E	I	L	J	F
O	U	T	S	O	U	R	C	I	N	G	N	N	D	E	E	W	X	A	Y	K	U	L	T	U	R	T	E
F	S	F	F	T	Z	I	O	E	K	O	M	M	U	N	I	K	A	T	I	O	N	B	N	R	M	N	X
D	S	W	A	R	E	N	K	E	T	T	E	B	W	E	D	K	L	H	D	V	C	C	Z	U	R	T	T

SB 164 2. a) Benenne die fünf Staaten mit den meisten Produktionsstandorten eines Sportartikelherstellers.

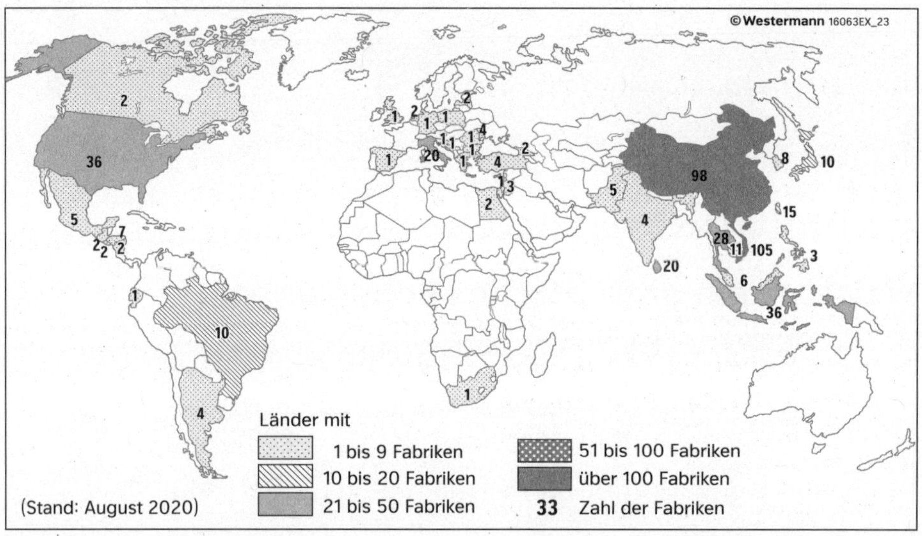

b) Mit welchen der Begriffen aus dem Wortgitter kannst du diese Verteilung erklären?

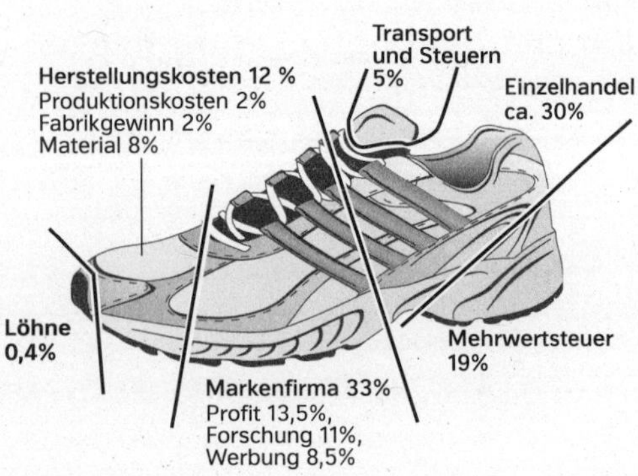

c) Berechne für ein Paar Turnschuhe (Preis 95 Euro) die einzelnen Posten.

Container – Kisten, die die Welt bewegen

1. Benenne acht Hafenstädte der Welt. Erstelle eine Legende, in der du auch die Länder angibst.

SB 168

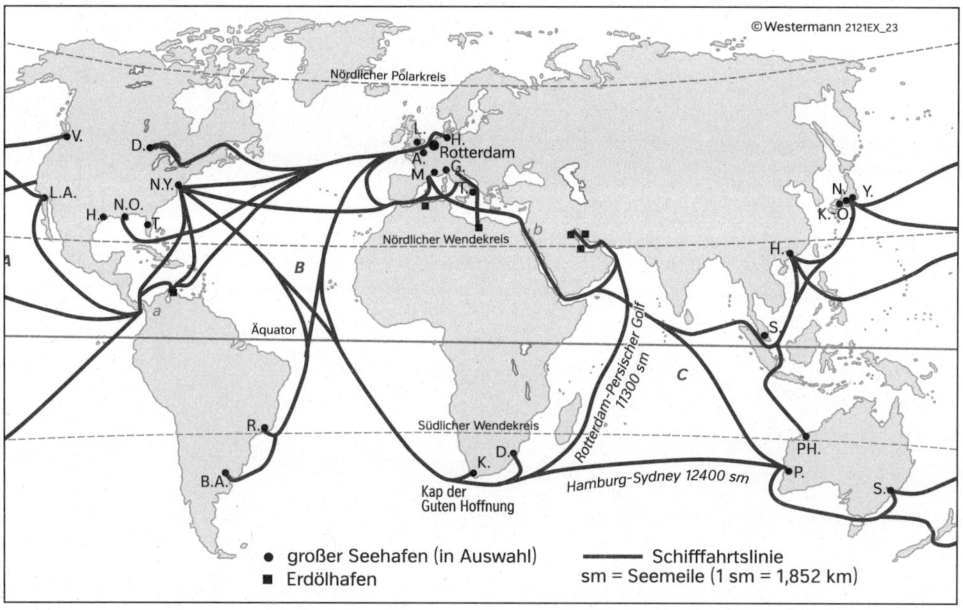

2. Vervollständige die Tabelle zu den bekannten Kanälen der Welt.

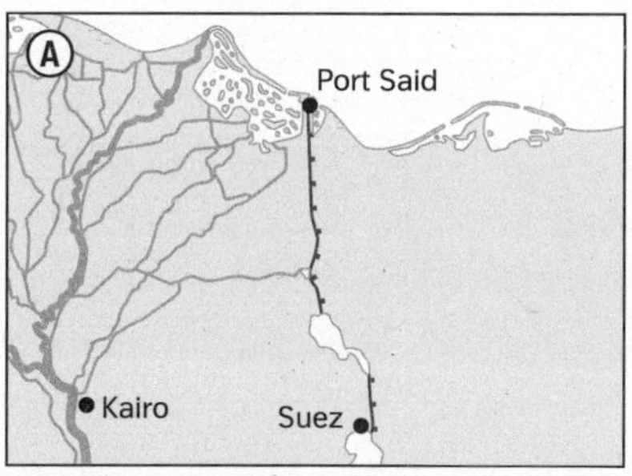

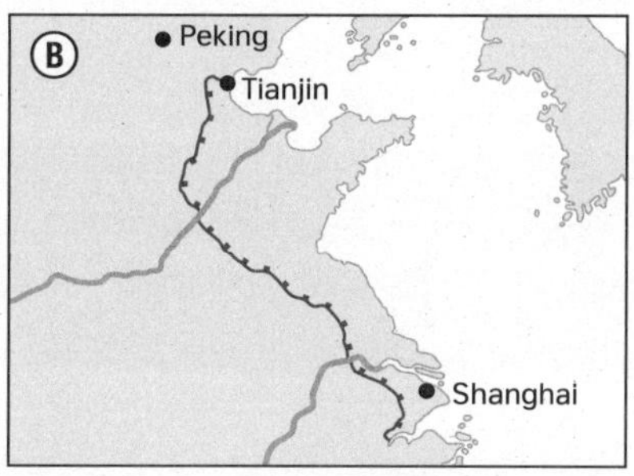

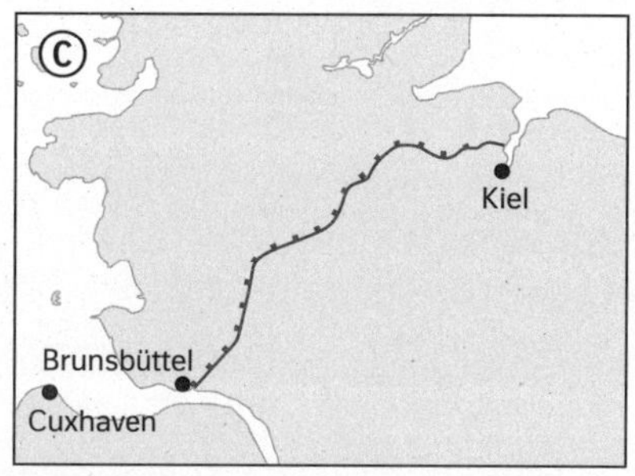

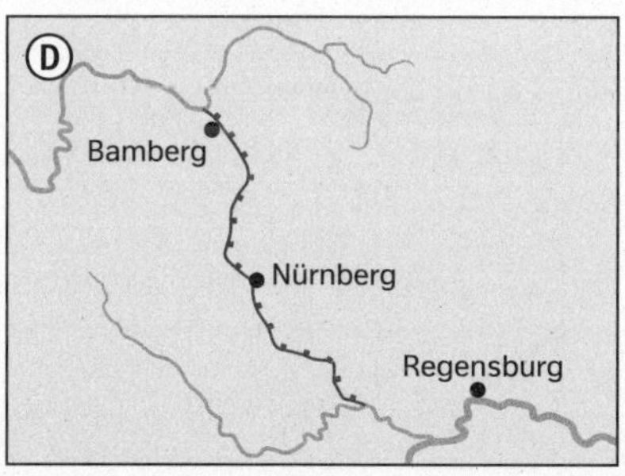

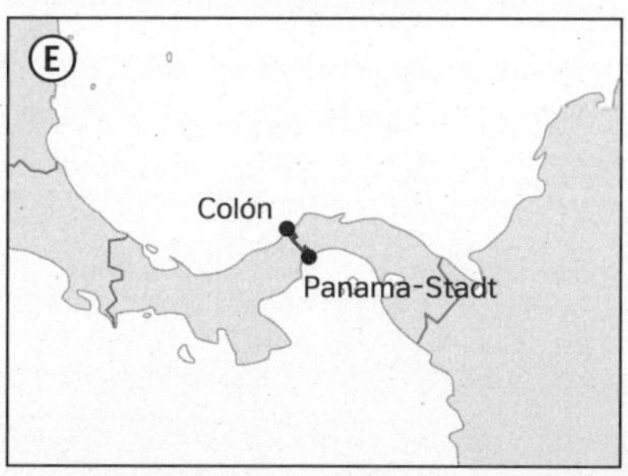

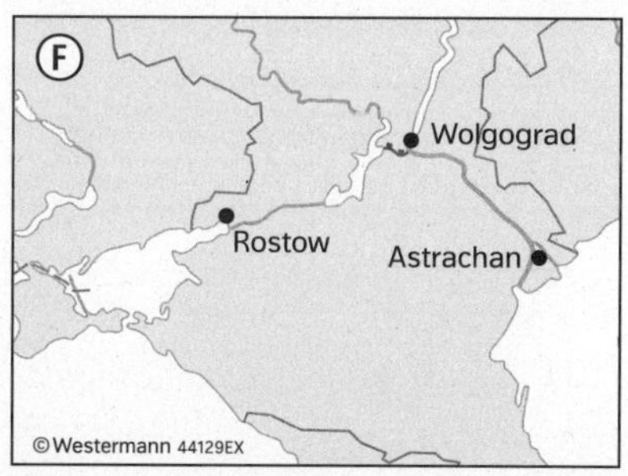

Buchst.	Name	Land	verbindet

Handelsnation Deutschland

SB 172

1. Entscheide, ob folgende Aussagen richtig oder falsch sind.

	richtig	falsch
a) Deutschland stellt hochwertige Produkte her, die nicht in allen Ländern hergestellt werden können.	o	o
b) Von besonderer Bedeutung sind der Maschinen- und Fahrzeugbau.	o	o
c) Deutschlands wichtigste Exportgüter kommen aus dem Bereich Kultur.	o	o
d) Rohstoffe spielen für die deutsche Wirtschaft eine untergeordnete Rolle.	o	o
e) Zahlreiche Arbeitsplätze in Deutschland sind vom Export abhängig.	o	o
f) Für den Industriestandort Deutschland ist der Euro von Vorteil.	o	o
g) Deutschland produziert nur unproblematische Exportgüter.	o	o

2. Erstelle eine Legende zu ausgewählten Industrieregionen Deutschlands.

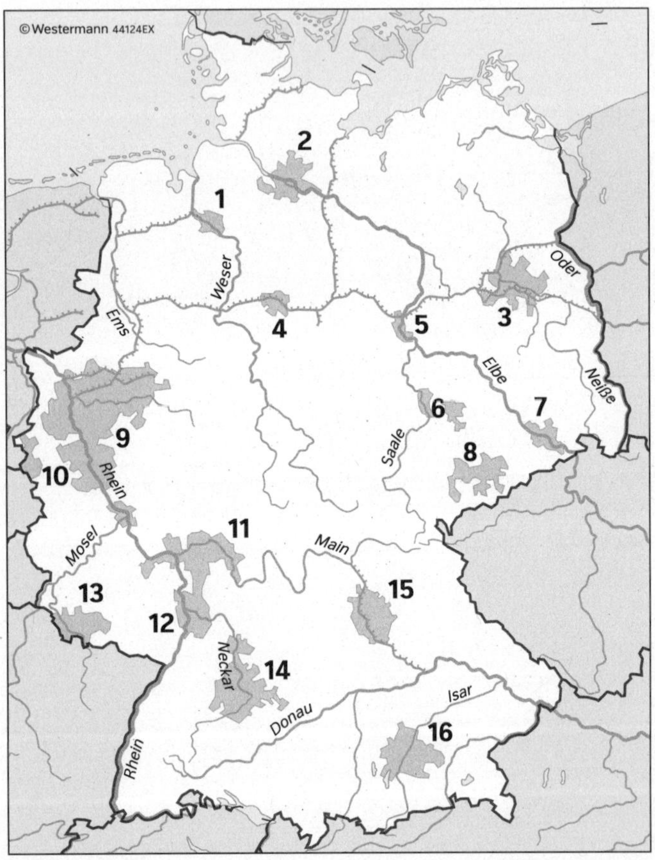

① ______________________________

② ______________________________

③ ______________________________

④ ______________________________

⑤ ______________________________

⑥ ______________________________

⑦ ______________________________

⑧ ______________________________

⑨ ______________________________

⑩ ______________________________

⑪ ______________________________

⑫ ______________________________

⑬ ______________________________

⑭ ______________________________

⑮ ______________________________

⑯ ______________________________

3. Markiere wichtige Export- (E) und Importprodukte (I) Deutschlands

☐ Erdöl	☐ Computer	☐ Spielzeug
☐ Maschinen	☐ Metalle	☐ Schiffe
☐ Bananen	☐ Autos	☐ Kohle
☐ chemische Erzeugnisse	☐ Medikamente	☐ Kautschuk

China – von der Werkbank der Welt zur Hightech-Nation

1. Ordne die Aussagen einem der Diagramme auf Seite 178/179 zu. Begründe deine Zuordnung. SB 178

   a) „Wir haben viel investiert und sind für weitere Innovationen sehr gut aufgestellt.“

   ____

   b) „Unsere Produktpalette hat sich in den letzten 25 Jahren deutlich qualitativ gewandelt.“

   ____

   c) „Zu Zeiten meines Opas arbeiteten noch viele Menschen in der Landwirtschaft. Undenkbar heute!“

   ____

   d) „Natürlich sind wir nicht mehr die billigsten. Das wollen wir aber auch gar nicht unbedingt sein.“

   ____

   e) „Es gibt auf der Welt keinen Staat, der eine vergleichbare wirtschaftliche Entwicklung hat!“

   ____

2. Zeichne die in der Legende angegebenen Städte, Meere und Flüsse in die Karte ein.

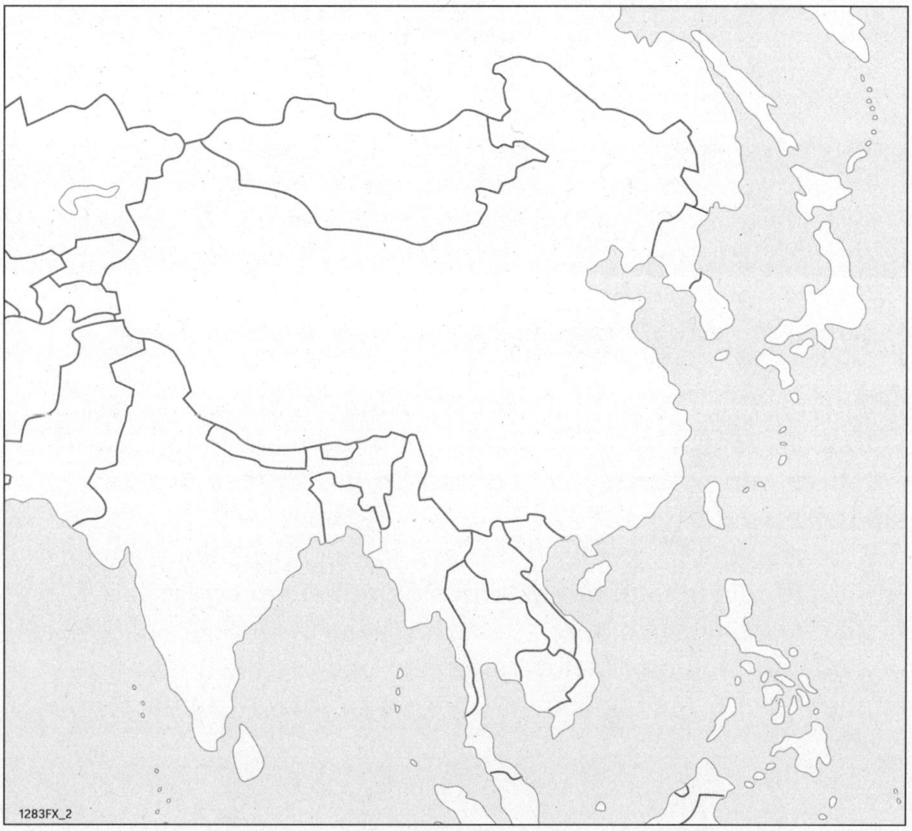

Legende

Städte

______ = Peking

______ = Chengdu

______ = Shanghai

______ = Shenzen

______ = Guangzhou

Flüsse

______ = Amur

______ = Hwang He

______ = Jangtsekiang

Meere

______ = Südchinesisches Meer

3. Beantworte folgende Fragen (mithilfe des Atlas):

a) Die chinesische Wirtschaft konzentriert sich im ...	O Westen	O Osten
b) Der Schwerpunkt der Automobilindustrie ist in	O Peking	O Shanghai
c) Ein Schwerpunkt der Textilindustrie ist in	O Guangzhou	O Datong
d) Ein Dienstleistungszentrum mit internationaler Bedeutung ist	O Xi‘an	O Peking
e) Weizen wird vor allem angebaut im chinesischen	O Norden	O Süden

Bildquellenverzeichnis

|Alamy Stock Photo, Abingdon/Oxfordshire: Kanning, Mark 5.1. |Berghahn, Matthias, Bielefeld: 18.1. |iStockphoto.com, Calgary: Borisov, Sergey 16.3; trekandshoot 16.1. |Karto-Grafik Heidolph, Dachau: 23.1. |Kartographie Michael Hermes, Hardegsen Hevensen: 12.1, 13.1, 13.1, 19.2. |Mithoff, Stephanie, Ahorn: 8.1, 17.1. |Picture-Alliance GmbH, Frankfurt a.M.: dpa 9.3. |Schwarz, Thies, Hannover: 10.1, 10.2. |Shutterstock.com, New York: GLF Media Titel; gyn9037 16.4. |stock.adobe.com, Dublin: AlexAnton 16.6; AMO 21.1; Distefano, Maurizio 9.2; f11photo 16.5; Hillman, Adrian 11.1; imagesef 21.2; Kneschke, Robert 9.1; rasica Titel; Slepitssskaya 21.3; Torsa, Karin 16.2; VAKSMANV 9.4. |United Nations: https://www.un.org/sustainabledevelopment/ „The content of this publication has not been approved by the United Nations and does not reflect the views of the United Nations or its officials or Member States" 19.1.

westermann *GRUPPE*

Druck A[1] / Jahr 2022
Alle Drucke der Serie A sind inhaltlich unverändert.

Redaktion: Thilo Girndt

Druck und Bindung: westermann druck GmbH, Braunschweig

ISBN 978-3-14-**101503**-04